2021的大自然，由你来填色

自然的巨大力量不是以丑恶

而是以美来显现它的真相的

——泰戈尔

自然即是美

NATURE IS BEAUTY

2021 言几又周历

刘华杰　主　编

顾垒（顾有容）朱磊　物种介绍

言几又　策划设计

北京大学出版社
PEKING UNIVERSITY PRESS

言几又

week 1

过去一年闪着光的日子
都是照亮新一年的烟火

西班牙鸢尾

Iris xiphium

鸢尾属的学名*Iris*来自希腊语的“彩虹”，这也是希腊神话传说中彩虹女神的名字，因为在一朵鸢尾花里就能找到蓝、紫、橙、黄、白等多种颜色，还有深浅变化。西班牙鸢尾喜欢排水良好的土壤，尽管原产于南欧，但比较耐寒，在北欧也能栽培。

January 1月

一	二	三	四	五	六	日
				1 元旦	2 十九	3 二十
4 廿一	5 小寒	6 廿三	7 廿四	8 廿五	9 廿六	10 廿七
11 廿八	12 廿九	13 腊月	14 初二	15 初三	16 初四	17 初五
18 初六	19 初七	20 大寒	21 初九	22 初十	23 十一	24 十二
25 十三	26 十四	27 十五	28 十六	29 十七	30 十八	31 十九

Monday
28

Tuesday
29

Wednesday
30

Thursday
31

Friday
1

Saturday
2

Sunday
3

week 2

积蓄

不要拒绝寒冷
它可以积蓄你的能量

山茶
Camellia japonica

山茶分布于中国东部和日本、韩国的山地，是欧亚大陆上分布最北的鸟类传粉植物。野生山茶的花是红色的，冬天开放，能产生大量低浓度的花蜜，吸引各种雀形目鸟类为它传粉。山茶也是重要的观赏花卉，在全世界有上万个颜色和形态各异的品种。

January 1月

一	二	三	四	五	六	日
				1 元旦	2 十九	3 二十
4 廿一	5 小寒	6 廿三	7 廿四	8 廿五	9 廿六	10 廿七
11 廿八	12 廿九	13 腊月	14 初二	15 初三	16 初四	17 初五
18 初六	19 初七	20 大寒	21 初九	22 初十	23 十一	24 十二
25 十三	26 十四	27 十五	28 十六	29 十七	30 十八	31 十九

Monday 4

Tuesday 5

Wednesday 6

Thursday 7

Friday 8

Saturday 9

Sunday 10

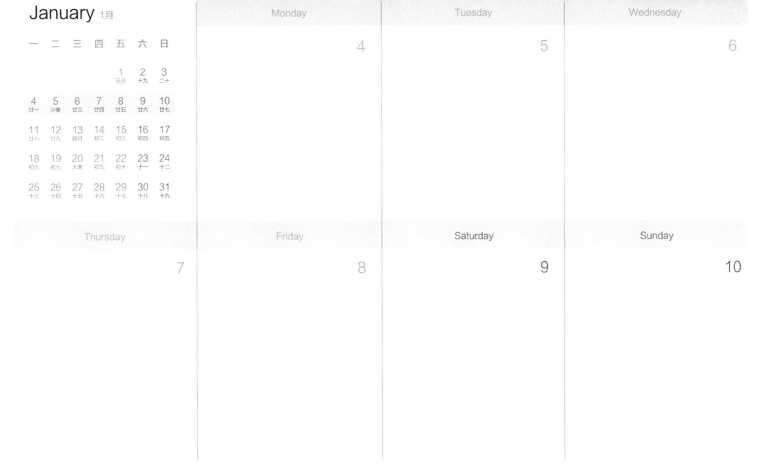

week 3

人生是没有标准答案的 最重要的是能自洽

玉兰

Yulania denudata

玉兰所在的木兰科是现存被子植物中比较原始的一个分支，在它身上能看到很多原始性状，比如花瓣数量是3的倍数、雄蕊和雌蕊螺旋状着生。中国人栽培玉兰的历史超过2000年，一些古代文献中出现的“兰”实际上指的是木兰类植物或者菊科植物。

January 1月

一	二	三	四	五	六	日
				1 元旦	2 十九	3 二十
4 廿一	5 小寒	6 廿三	7 廿四	8 廿五	9 廿六	10 廿七
11 廿八	12 廿九	13 腊月	14 初二	15 初三	16 初四	17 初五
18 初六	19 初七	20 大寒	21 初九	22 初十	23 十一	24 十二
25 十三	26 十四	27 十五	28 十六	29 十七	30 十八	31 十九

Monday 11

Tuesday 12

Wednesday 13

Thursday 14

Friday 15

Saturday 16

Sunday 17

week 4

无他
用心才是生活的不二法则

黄花鸭跖草
Commelina africana

鸭跖草属植物的同一朵花里有两种雄蕊，一种花丝短，花药黄色，花粉专门给传粉昆虫吃；另一种花丝长，花药褐色，花粉用于自身的繁殖。这种现象叫做异型雄蕊，是达尔文发现的，最终被中国植物学家证实。

January 1月

一	二	三	四	五	六	日
				1 元旦	2 十九	3 二十
4 廿一	5 小寒	6 廿三	7 廿四	8 廿五	9 廿六	10 廿七
11 廿八	12 廿九	13 腊月	14 初二	15 初三	16 初四	17 初五
18 初六	19 初七	20 大寒	21 初九	22 初十	23 十一	24 十二
25 十三	26 十四	27 十五	28 十六	29 十七	30 十八	31 十九

Monday 18

Tuesday 19

Wednesday 20

Thursday 21

Friday 22

Saturday 23

Sunday 24

week 5

草拟了一个春日的计划
期待它慢慢发芽

红耳果鸠
Ptilinopus fischeri

红耳果鸠是印度尼西亚苏拉威西岛的特有鸟种，见于岛上海拔1000—3000米的山区森林当中，常单独活动，生性安静隐匿，以各种水果为食。它在该岛北部于10月至11月间繁殖，在中部则于2月至3月间繁殖。

January 1月

一	二	三	四	五	六	日
				1 元旦	2 十九	3 二十
4 廿一	5 小寒	6 廿三	7 廿四	8 廿五	9 廿六	10 廿七
11 廿八	12 廿九	13 腊月	14 初二	15 初三	16 初四	17 初五
18 初六	19 初七	20 大寒	21 初九	22 初十	23 十一	24 十二
25 十三	26 十四	27 十五	28 十六	29 十七	30 十八	31 十九

Monday	Tuesday	Wednesday
25	26	27

Thursday	Friday	Saturday	Sunday
28	29	30	31

week 6

人情

感受平凡生活中的况味
发现日常细节里的心动

桃叶风铃草
Campanula persicifolia

桃叶风铃草的雄蕊在花蕾里就成熟了。当把花粉涂在雌蕊的外侧，雄蕊随即枯萎；开花之后雌蕊再开裂，用内侧的柱头接受来自其他花的花粉。这种用雌蕊而非雄蕊释放花粉的方式叫做次级花粉呈现。

February 2月

一	二	三	四	五	六	日
1 二十	2 湿地日	3 立春	4 小年	5 廿四	6 廿五	7 廿六
8 廿七	9 廿八	10 廿九	11 除夕	12 春节	13 初二	14 情人节
15 初四	16 初五	17 初六	18 雨水	19 初八	20 初九	21 初十
22 十一	23 十二	24 十三	25 十四	26 元宵节	27 十六	28 十七

Monday	Tuesday	Wednesday
1	2	3

Thursday	Friday	Saturday	Sunday
4	5	6	7

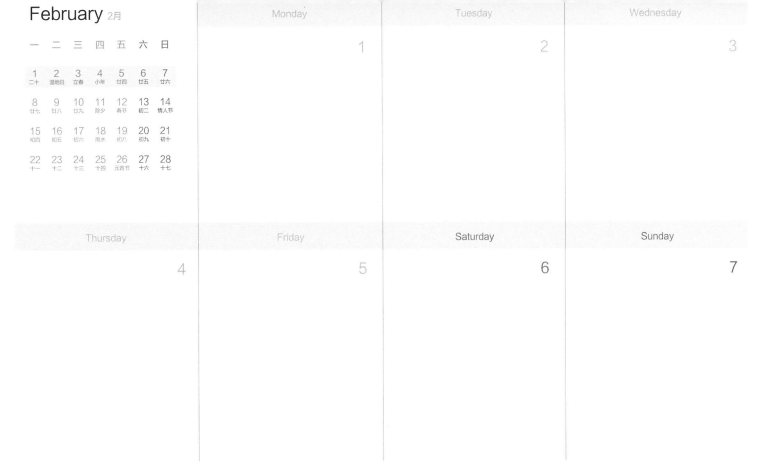

举盏话衷肠 人间小团圆

黑冠仙翡翠

Tanysiptera nigriceps

仙翡翠属的种类都有着极为延长的中央尾羽，在林间飞行的时候显得气度不凡。该属的属名源自希腊文tanysipteros，意为“长的羽毛的”，指的就是它们长长的尾羽。黑冠仙翡翠是南太平洋上俾斯麦群岛的特有鸟种，见于低地和浅山森林。

February 2月

一	二	三	四	五	六	日
1 二十	2 湿地日	3 立春	4 小年	5 廿四	6 廿五	7 廿六
8 廿七	9 廿八	10 廿九	11 除夕	12 春节	13 初二	14 情人节
15 初四	16 初五	17 初六	18 雨水	19 初八	20 初九	21 初十
22 十一	23 十二	24 十三	25 十四	26 元宵节	27 十六	28 十七

Monday	Tuesday	Wednesday
8	9	10

Thursday	Friday	Saturday	Sunday
11	12	13	14

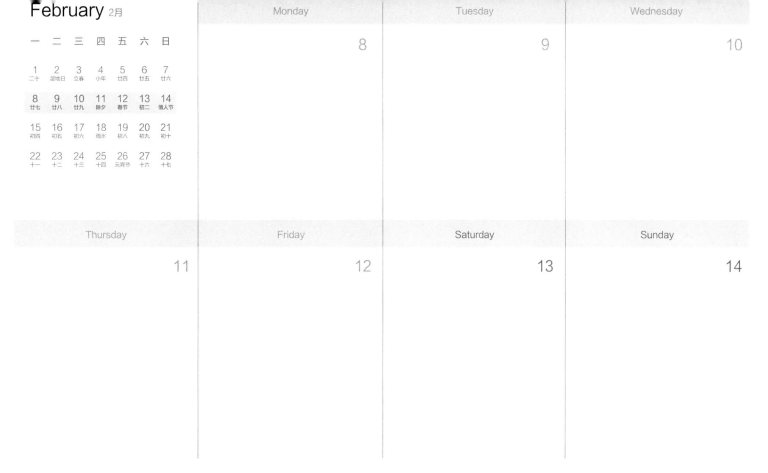

week 8

认真搜寻 才会发现
被生活藏起来的糖

直立孀泪花
Tinantia erecta

孀泪花这个名字直译于其英文俗名“widow's tears”，即寡妇的眼泪。因为长得很像同科的鸭跖草，尤其是也具有异型雄蕊，它也被称为“假鸭跖草”。

February 2月

一	二	三	四	五	六	日
1 二十	2 湿地日	3 立春	4 小年	5 廿四	6 廿五	7 廿六
8 廿七	9 廿八	10 廿九	11 除夕	12 春节	13 初二	14 情人节
15 初四	16 初五	17 初六	18 雨水	19 初八	20 初九	21 初十
22 十一	23 十二	24 十三	25 十四	26 元宵节	27 十六	28 十七

Monday	Tuesday	Wednesday
15	16	17

Thursday	Friday	Saturday	Sunday
18	19	20	21

week 9

那些小小圆满的瞬间
都在这一天被放大

黑胸船嘴鹟
Machaerirhynchus nigripectus

船嘴鹟科鸟类最大的特点在于有一个较长的喙，喙基部扁平而显宽大，很像船的龙骨部位，故而得名。其英文名就叫boatbill。黑胸船嘴鹟是新几内亚岛的特有鸟种，见于海拔850—2750米的山地森林，在空中飞行时以独具特色的喙捕捉双翅目、鞘翅目和膜翅目昆虫为食。

February 2月

一	二	三	四	五	六	日
1 二十	2 湿地日	3 立春	4 小年	5 廿四	6 廿五	7 廿六
8 廿七	9 廿八	10 廿九	11 除夕	12 春节	13 初二	14 情人节
15 初四	16 初五	17 初六	18 雨水	19 初八	20 初九	21 初十
22 十一	23 十二	24 十三	25 十四	26 元宵节	27 十六	28 十七

Monday 22

Tuesday 23

Wednesday 24

Thursday 25

Friday 26

Saturday 27

Sunday 28

week 10

走过的路越多
越向往下一刻的出发

宽叶山黧豆

Lathyrus latifolius

宽叶山黧豆是一种多年生的香豌豆，以地下的宿根越冬。它原产于欧洲，在全世界的温带地区广为栽培，有四个品种获得过英国皇家园艺学会优异品质奖。

March 3月

一	二	三	四	五	六	日
1 十八	2 十九	3 二十	4 廿一	5 惊蛰	6 廿三	7 廿四
8 妇女节	9 廿六	10 廿七	11 廿八	12 植树节	13 二月	14 龙头节
15 初三	16 初四	17 初五	18 初六	19 初七	20 春分	21 初九
22 初十	23 十一	24 十二	25 十三	26 十四	27 十五	28 十六
29 十七	30 十八	31 十九				

Monday	Tuesday	Wednesday
1	2	3

Thursday	Friday	Saturday	Sunday
4	5	6	7

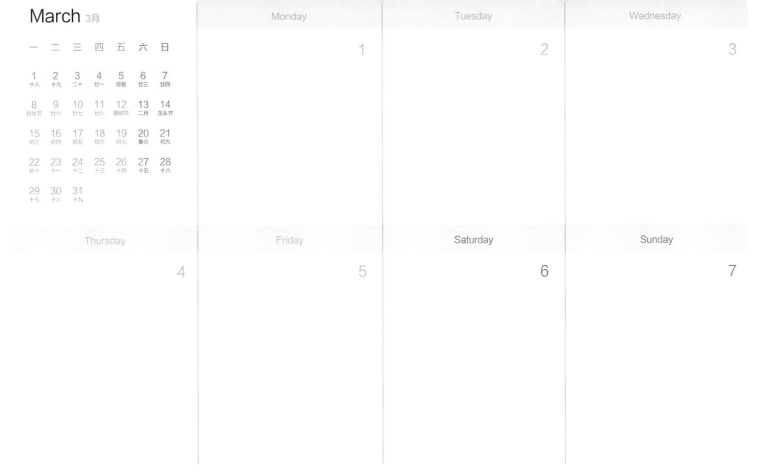

week 11

我们都可以凭借自己的力量
让生命如繁花般怒放

橙胸无花果鹦鹉

Cyclopsitta gulielmitertii

橙胸果鹦鹉是新几内亚岛一带特有的鸟种，图中亚种见于新几内亚岛东南部，特征是脸颊的黑色斑块较大，头顶和前额为蓝色。常集成小群活动，主要以榕果、水果、小型的种子及未成熟的棕榈果为食。会在树上的白蚁穴中挖洞夜栖和筑巢。

March 3月

一	二	三	四	五	六	日
1 十八	2 十九	3 二十	4 廿一	5 惊蛰	6 廿三	7 廿四
8 妇女节	9 廿六	10 廿七	11 廿八	12 植树节	13 二月	14 龙头节
15 初三	16 初四	17 初五	18 初六	19 初七	20 春分	21 初九
22 初十	23 十一	24 十二	25 十三	26 十四	27 十五	28 十六
29 十七	30 十八	31 十九				

Monday 8

Tuesday 9

Wednesday 10

Thursday 11

Friday 12

Saturday 13

Sunday 14

week 12

对生活的感知
会使我们重新怀抱期待

壮丽玫瑰

Rosa pomponia

所谓壮丽玫瑰实际上是百叶蔷薇的一个古老的栽培品种，早在1637年就有记载。根据产地，它也被称为“莫城玫瑰”。莫城是法国中北部的一个小城。

March 3月

一	二	三	四	五	六	日
1 十八	2 十九	3 二十	4 廿一	5 惊蛰	6 廿三	7 廿四
8 妇女节	9 廿六	10 廿七	11 廿八	12 植树节	13 二月	14 龙头节
15 初三	16 初四	17 初五	18 初六	19 初七	20 春分	21 初九
22 初十	23 十一	24 十二	25 十三	26 十四	27 十五	28 十六
29 十七	30 十八	31 十九				

Monday 15

Tuesday 16

Wednesday 17

Thursday 18

Friday 19

Saturday 20

Sunday 21

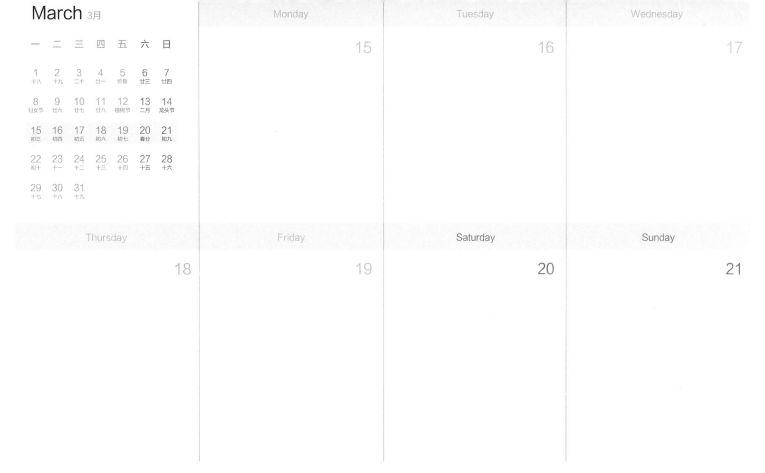

week 13

纵然只是一副渺小的身躯
但心境可以辽阔至整个宇宙

棕脸侏鹦鹉

Micropsitta pusio

棕脸侏鹦鹉是新几内亚岛一带特有的鸟种，图中为指名亚种，其特征是头部的棕褐色较浅。该种体长仅约8厘米，被认为是世界上体型最小的鹦鹉。它生活在低海拔的森林及次生林当中，以苔藓、真菌、白蚁及昆虫等为食。常集小群活动，在白蚁穴中挖洞筑巢。

March 3月

一	二	三	四	五	六	日
1 十八	2 十九	3 二十	4 廿一	5 惊蛰	6 廿三	7 廿四
8 妇女节	9 廿六	10 廿七	11 廿八	12 植树节	13 二月	14 龙头节
15 初三	16 初四	17 初五	18 初六	19 初七	20 春分	21 初九
22 初十	23 十一	24 十二	25 十三	26 十四	27 十五	28 十六
29 十七	30 十八	31 十九				

Monday	Tuesday	Wednesday
22	23	24

Thursday	Friday	Saturday	Sunday
25	26	27	28

用最少的悔恨面对过去
用最多的梦想迎接未来

晚香玉

Agave amica

晚香玉原产墨西哥中南部，但当地并没有它的野生群体，也许是阿兹特克人驯化了它。林奈最早给晚香玉起学名的时候，肯定想不到有一天它所在的科和属都会改变，其学名曾写作*Polianthes tuberosa*，分类上则从石蒜科调整到了天门冬科。

April 4月

一	二	三	四	五	六	日
			1 愚人节	2 廿一	3 廿二	4 清明
5 廿四	6 廿五	7 廿六	8 廿七	9 廿八	10 廿九	11 三十
12 三月	13 初二	14 初三	15 初四	16 初五	17 初六	18 初七
19 初八	20 谷雨	21 初十	22 地球日	23 十二	24 十三	25 十四
26 十五	27 十六	28 十七	29 十八	30 十九		

Monday 29

Tuesday 30

Wednesday 31

Thursday 1

Friday 2

Saturday 3

Sunday 4

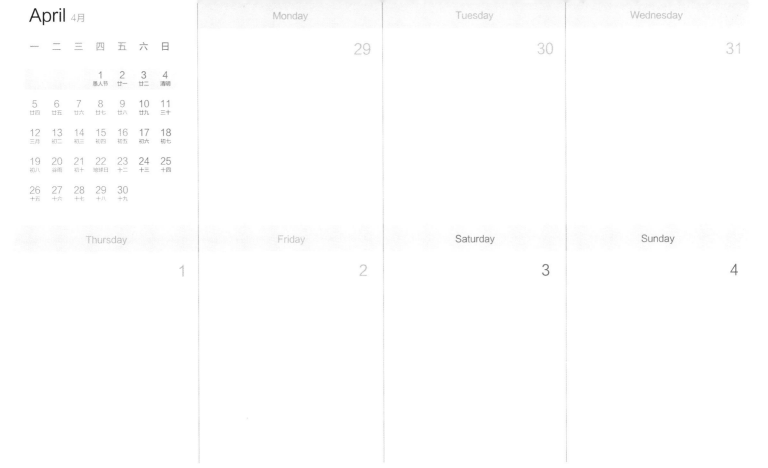

week 15

愿你拥有遗憾
却又觉得人间值得

五柱山楂
Crataegus pentagyna

全世界的山楂属超过200种，因为存在普遍的杂交和网状进化，这个属的分类特别令人头疼。五柱山楂是分布于欧洲的一个种，果实是黑色的，没有什么食用价值。

2021的大自然，由你来填色

周历的扉页以及每个月第一周的画面，我们特意留出了空白的部分，等待由您来填满颜色。希望通过这样的互动，我们可以一起来感受大自然的色彩与美，同时也寓意为自己创造一个五彩斑斓的2021年。

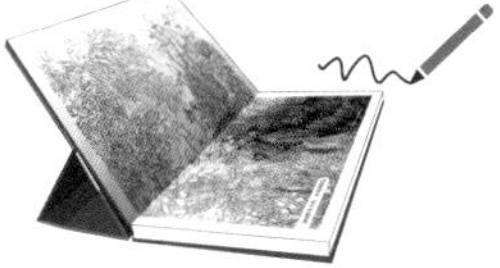

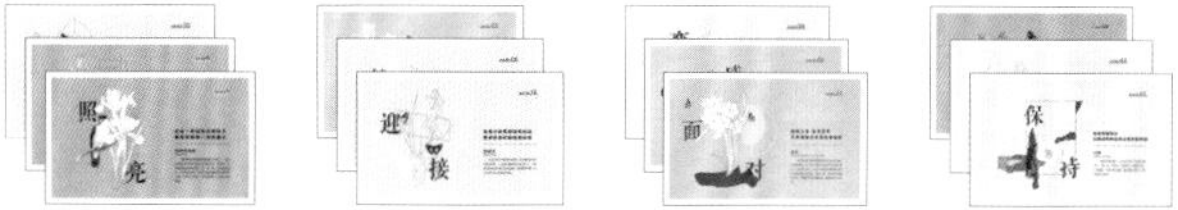

周历使用操作步骤：

（封面）

（封底）

1
翻开带有磁扣的封底
（请先翻到封底）

2
完全展开后
向内翻折

3
折成三角，
固定好位置

4
往下翻页，
打开周历

北京大学出版社 PEKING UNIVERSITY PRESS × 言几又

2021年品牌定制周历 ——自然即是美

自然即是美

2021 言几又周历

NATURE IS BEAUTY

自然是个科学家，向我们昭示生命相互联系的内在规律，讲述生存相依的道理；自然也是个艺术家，换个角度，所有的美皆源于自然。正如恩斯特·海克尔在《自然界的艺术形态》中所阐释的，“自然即是美”。

言几又联合北京大学出版社，汲取权威自然科学素材，从《自然界的艺术形态》《雷杜德手绘花卉图谱》《休伊森手绘蝶类图谱》《天堂飞鸟——古尔德手绘鸟类图谱》《果色花香——圣伊莱尔手绘花果图志》这几本百年前的经典手绘生物图谱中选取元素，注入生活美学设计力，以“自然即是美”为周历的主题理念，将严谨的科学，用绘画艺术的方式表达。每周阅读物种科普，感受充盈自然之美。53幅大自然的精美画面，也是53个关于自然的共同思考。

本册周历以手绘生物图谱、生物科普介绍、传达与自然连接的每周主题，以及等待与您共创的空白填色画面四部分组成，并且自带支架，集周历、记录、桌面装饰、绘画填色多种功能于一体，既是了解自然的窗口，也是陪伴您度过每一天的朋友。

盼新的一年，我们重新审视这个世界，认识大自然的力量，用心观察自然，寻找与自然更加和谐的相处方式，深化对于自然的态度，一起发现自然本来的模样。

April 4月

一	二	三	四	五	六	日
			1 愚人节	2 廿一	3 廿二	4 清明
5 廿四	6 廿五	7 廿六	8 廿七	9 廿八	10 廿九	11 三十
12 三月	13 初二	14 初三	15 初四	16 初五	17 初六	18 初七
19 初八	20 谷雨	21 初十	22 地球日	23 十二	24 十三	25 十四
26 十五	27 十六	28 十七	29 十八	30 十九		

Monday

5

Tuesday

6

Wednesday

7

Thursday

8

Friday

9

Saturday

10

Sunday

11

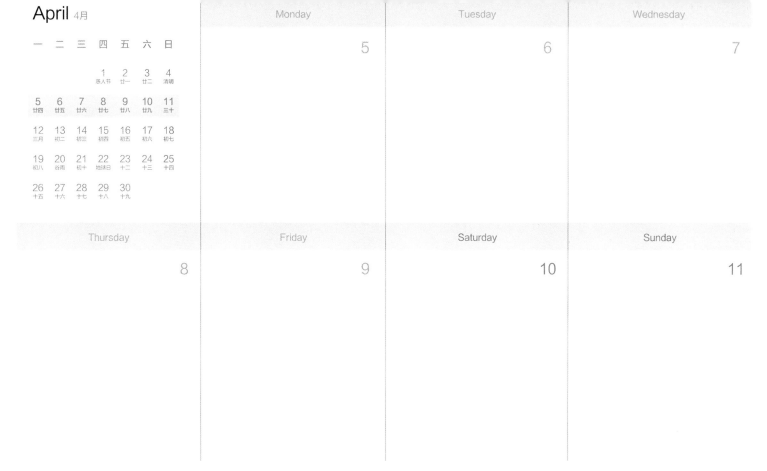

week 16

设立生活的边界感
人来人往 全然无惧

灰头丛鹟

Heteromyias cinereifrons

灰头丛鹟是澳大利亚特有鸟种，生活于海拔200米以上的雨林中，以昆虫及其他小型无脊椎动物为食。灰头丛鹟属于鸲鹟科，该科鸟类大都有大而圆的头部，喙短而直，翅尖为圆形，适应多种环境，会停在较低的栖枝上观察，伺机突袭下方地面经过的猎物。

April 4月

一	二	三	四	五	六	日
			1 愚人节	2 廿一	3 廿二	4 清明
5 廿四	6 廿五	7 廿六	8 廿七	9 廿八	10 廿九	11 三十
12 三月	13 初二	14 初三	15 初四	16 初五	17 初六	18 初七
19 初八	20 谷雨	21 初十	22 地球日	23 十二	24 十三	25 十四
26 十五	27 十六	28 十七	29 十八	30 十九		

Monday 12

Tuesday 13

Wednesday 14

Thursday 15

Friday 16

Saturday 17

Sunday 18

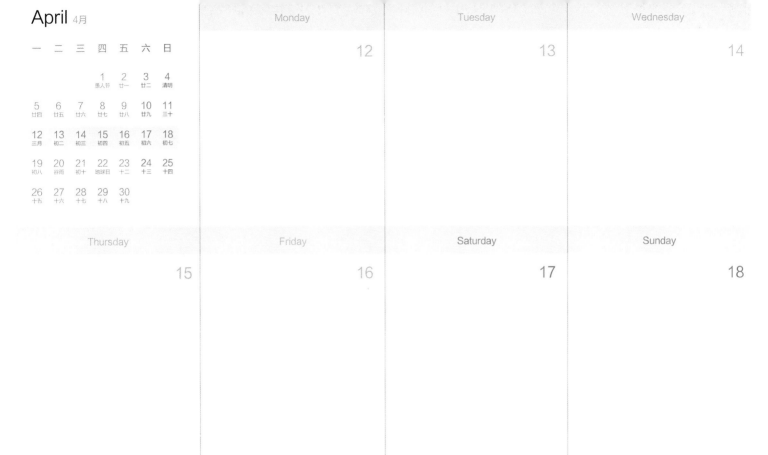

week 17

只有我们不再需要外界的定义时　才会变得自由

吊钟花

Enkianthus quinqueflorus

吊钟花属是杜鹃花科中现存最原始的一个属，因为具有钟状下垂的花冠而得名。“属长”吊钟花是我国华南低海拔山地常见的一种灌木，因为在春节前后开花而成为了颇受欢迎的年宵花卉。

April 4月

一	二	三	四	五	六	日
			1 愚人节	2 廿一	3 廿二	4 清明
5 廿四	6 廿五	7 廿六	8 廿七	9 廿八	10 廿九	11 三十
12 三月	13 初二	14 初三	15 初四	16 初五	17 初六	18 初七
19 初八	20 谷雨	21 初十	22 地球日	23 十二	24 十三	25 十四
26 十五	27 十六	28 十七	29 十八	30 十九		

Monday 19

Tuesday 20

Wednesday 21

Thursday 22

Friday 23

Saturday 24

Sunday 25

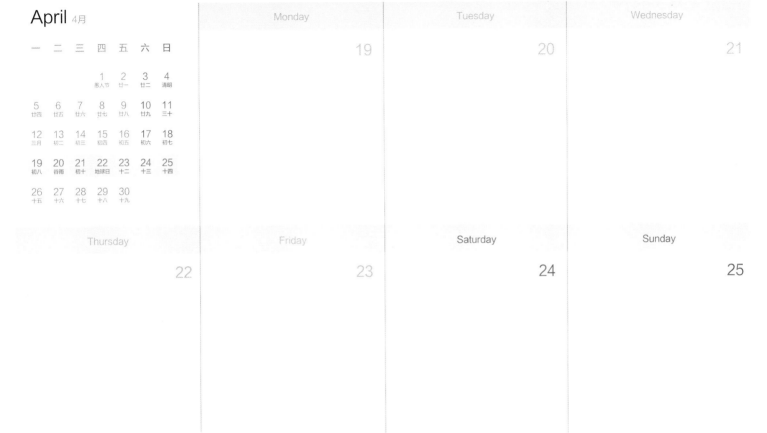

把年轻看作动词 而不是形容词

褐背胶蜜鸟

Ramsayornis modestus

褐背胶蜜鸟见于澳大利亚和新几内亚岛等地的沼泽、河流、红树林等潮湿环境附近的林地。作为吸蜜鸟科成员，该种主要以花蜜及昆虫为食，舌尖特化为毛刷状，还会分叉成两瓣、四瓣甚至更多。胶蜜鸟属的属名源自澳大利亚动物学家爱德华•拉姆齐。

April 4月

一	二	三	四	五	六	日
			1 愚人节	2 廿一	3 廿二	4 清明
5 廿四	6 廿五	7 廿六	8 廿七	9 廿八	10 廿九	11 三十
12 三月	13 初二	14 初三	15 初四	16 初五	17 初六	18 初七
19 初八	20 谷雨	21 初十	22 地球日	23 十二	24 十三	25 十四
26 十五	27 十六	28 十七	29 十八	30 十九		

Monday 26

Tuesday 27

Wednesday 28

Thursday 29

Friday 30

Saturday 1

Sunday 2

week 19

他人的不理解
是每一个梦想必须经过的地方

橙花百合

Lilium bulbiferum var. croceum

开橙色花的珠芽百合有两个变种，叶腋里不生长珠芽的叫作橙花百合。橙花百合分布在西欧，是起源于北爱尔兰的新教组织“橙色兄弟会”的象征。

May 5月

一	二	三	四	五	六	日
					1 劳动节	2 廿一
3 廿二	4 青年节	5 立夏	6 廿五	7 廿六	8 廿七	9 母亲节
10 廿九	11 三十	12 护士节	13 初二	14 初三	15 初四	16 初五
17 初六	18 博物馆日	19 旅游日	20 初九	21 小满	22 十一	23 十二
24 十三	25 十四	26 十五	27 十六	28 十七	29 十八	30 十九
31 二十						

Monday 3

Tuesday 4

Wednesday 5

Thursday 6

Friday 7

Saturday 8

Sunday 9

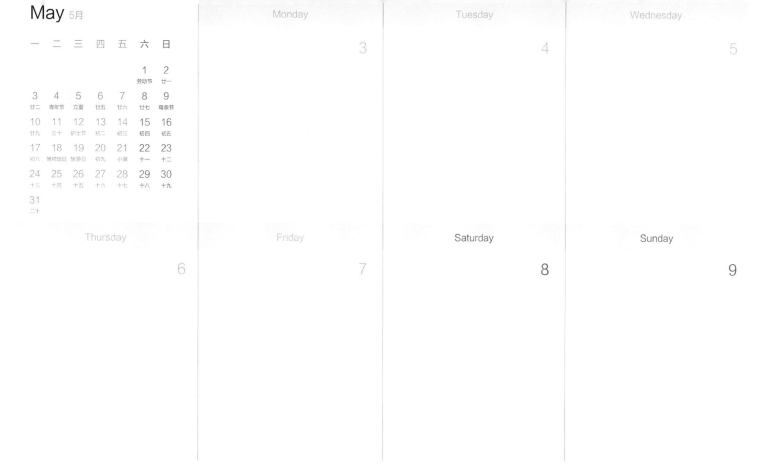

week 20

绚丽

守望生命的绚丽
来自青春无悔的奉献

葵花凤头鹦鹉

Cacatua galerita

葵花凤头鹦鹉自然分布于新几内亚岛及邻近岛屿，也被人为引入我国台湾等地。图中亚种特征是头部鲜黄色的羽冠较宽，眼周裸露的皮肤为蓝色。以种子、果实及花蕾为食，成对或集小群活动，通常会发出响亮而显嘈杂的叫声，觅食的时候往往又很安静。

May 5月

一	二	三	四	五	六	日
					1 劳动节	2 廿一
3 廿二	4 青年节	5 立夏	6 廿五	7 廿六	8 廿七	9 母亲节
10 廿九	11 三十	12 护士节	13 初二	14 初三	15 初四	16 初五
17 初六	18 博物馆日	19 旅游日	20 初九	21 小满	22 十一	23 十二
24 十三	25 十四	26 十五	27 十六	28 十七	29 十八	30 十九
31 二十						

Monday 10

Tuesday 11

Wednesday 12

Thursday 13

Friday 14

Saturday 15

Sunday 16

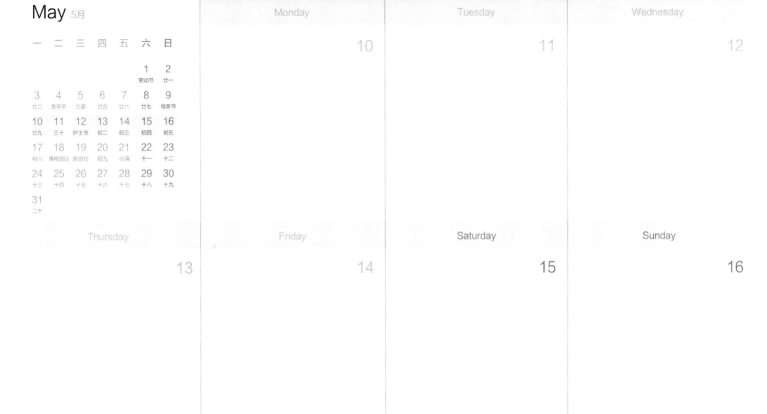

尝新不是厌旧
是对应时间的馈赠，珍惜当下

摩鹿加绣眼鸟

Zosterops atriceps

绣眼鸟因其眼周一圈醒目的白色羽毛而得名，英文名被称作White-eye。它们常集小群活动于中低海拔原始林及次生林等地，取食昆虫或蜘蛛。摩鹿加绣眼鸟是印尼马鲁古群岛的特有鸟种，图中亚种的特征是头部和背部为橄榄绿色，仅前额和眼先为灰黑色。

May 5月

一	二	三	四	五	六	日
					1 劳动节	2 廿一
3 廿二	4 青年节	5 立夏	6 廿五	7 廿六	8 廿七	9 母亲节
10 廿九	11 三十	12 护士节	13 初二	14 初三	15 初四	16 初五
17 初六	18 博物馆日	19 旅游日	20 初九	21 小满	22 十一	23 十二
24 十三	25 十四	26 十五	27 十六	28 十七	29 十八	30 十九
31 二十						

Monday 17

Tuesday 18

Wednesday 19

Thursday 20

Friday 21

Saturday 22

Sunday 23

week 22

生活是聚光灯
自己是不同影子间的盈缺

耳叶报春

Primula auricula

报春花属中常绿的种类不多，耳叶报春是其中之一。野生的耳叶报春开黄色的花，图中所绘的其实是它和另外一种报春杂交之后培育出来的色彩丰富的栽培品种。

May 5月

一	二	三	四	五	六	日
					1 劳动节	2 廿一
3 廿二	4 青年节	5 立夏	6 廿五	7 廿六	8 廿七	9 母亲节
10 廿九	11 三十	12 护士节	13 初二	14 初三	15 初四	16 初五
17 初六	18 博物馆日	19 旅游日	20 初九	21 小满	22 十一	23 十二
24 十三	25 十四	26 十五	27 十六	28 十七	29 十八	30 十九
31 二十						

Monday 24

Tuesday 25

Wednesday 26

Thursday 27

Friday 28

Saturday 29

Sunday 30

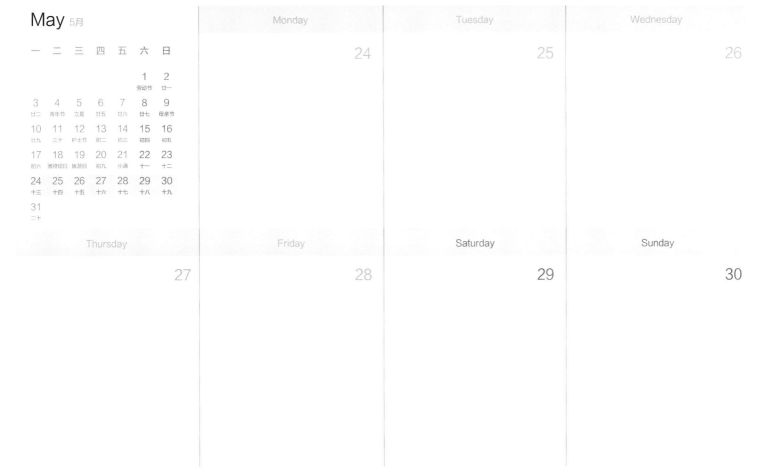

week 23

天真

为自己的内心留存一份
不会崩塌的天真

草莓

Fragaria ananassa

我们今天吃的草莓，实际上是产于北美的弗吉尼亚草莓和产于南美的智利草莓的杂交后代。它是一个八倍体，因此果实比欧亚大陆原产的野草莓大得多。培育出杂交草莓的法国人夸大其词，给它起了个意为“菠萝一般”的种本名。

June 6月

一	二	三	四	五	六	日
	1 儿童节	2 廿二	3 廿三	4 廿四	5 芒种	6 廿六
7 廿七	8 廿八	9 廿九	10 五月	11 初二	12 初三	13 初四
14 端午节	15 初六	16 初七	17 初八	18 初九	19 初十	20 父亲节
21 夏至	22 十三	23 十四	24 十五	25 十六	26 十七	27 十八
28 十九	29 二十	30 廿一				

Monday	Tuesday	Wednesday
31	1	2

Thursday	Friday	Saturday	Sunday
3	4	5	6

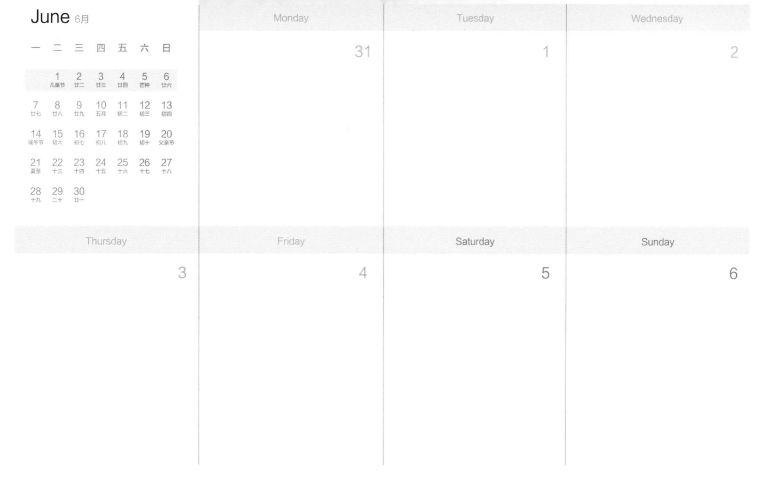

week 24

每一个人都会有自己的位置
收获自己的灿烂

辐花翼果苣

Hyoseris radiata

辐花翼果苣乍一看很像蒲公英，它们都是没有地上茎的多年生草本植物，头状花序完全由黄色的舌状花构成。但辐花翼果苣的果实不像蒲公英，没有具有长柄的“小伞”。这种植物分布在欧洲南部。

June 6月

一	二	三	四	五	六	日
	1 儿童节	2 廿二	3 廿三	4 廿四	5 芒种	6 廿六
7 廿七	8 廿八	9 廿九	10 五月	11 初二	12 初三	13 初四
14 端午节	15 初六	16 初七	17 初八	18 初九	19 初十	20 父亲节
21 夏至	22 十三	23 十四	24 十五	25 十六	26 十七	27 十八
28 十九	29 二十	30 廿一				

Monday 7

Tuesday 8

Wednesday 9

Thursday 10

Friday 11

Saturday 12

Sunday 13

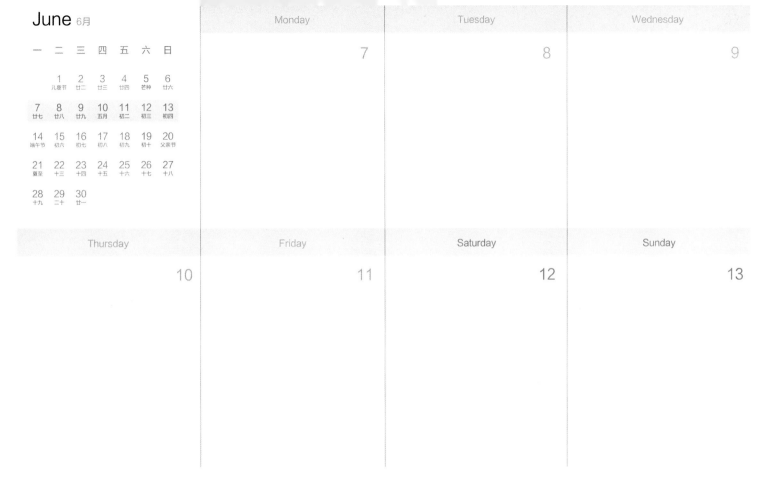

week 25

延续

站在过去与未来之中
酝酿一个永不完结的仲夏梦

小绿果鸠

Ptilinopus nainus

小绿果鸠是新几内亚岛及邻近四王群岛特有鸟种，见于海拔1100米以下的森林，以榕果和花蜜为食。常单独或成对活动，也会跟其他果鸠混群觅食。全身几乎都为绿色，仅尾下覆羽和翼上三道翅斑为黄色，雄鸟腹部有紫色斑块，颈侧有明显的灰色区域。

June 6月

一	二	三	四	五	六	日
	1 儿童节	2 廿二	3 廿三	4 廿四	5 芒种	6 廿六
7 廿七	8 廿八	9 廿九	10 五月	11 初二	12 初三	13 初四
14 端午节	15 初六	16 初七	17 初八	18 初九	19 初十	20 父亲节
21 夏至	22 十三	23 十四	24 十五	25 十六	26 十七	27 十八
28 十九	29 二十	30 廿一				

Monday	Tuesday	Wednesday
14	15	16

Thursday	Friday	Saturday	Sunday
17	18	19	20

week 26

无畏的奔波与忙碌
与生命的精彩纷呈对等

扇尾啄果鸟

Melanocharis versteri

啄果鸟科成员分布于新几内亚岛及周边岛屿。扇尾啄果鸟是新几内亚岛特有鸟种，生活在山区森林及茂密的次生林当中，单只或成对活动，主要以小的浆果和节肢动物为食。其种本名源自荷兰动物学家、曾任荷兰莱顿国家自然博物馆主管的沃尔沃斯特。

June 6月

一	二	三	四	五	六	日
	1 儿童节	2 廿二	3 廿三	4 廿四	5 芒种	6 廿六
7 廿七	8 廿八	9 廿九	10 五月	11 初二	12 初三	13 初四
14 端午节	15 初六	16 初七	17 初八	18 初九	19 初十	20 父亲节
21 夏至	22 十三	23 十四	24 十五	25 十六	26 十七	27 十八
28 十九	29 二十	30 廿一				

Monday	Tuesday	Wednesday
21	22	23

Thursday	Friday	Saturday	Sunday
24	25	26	27

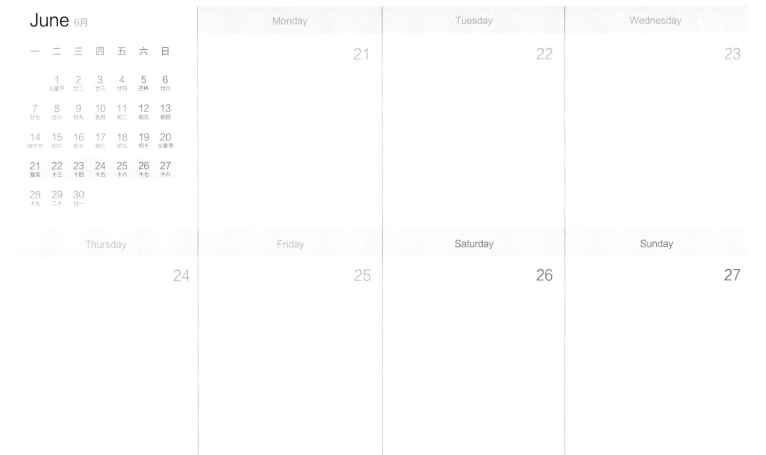

week 27

直面人生 走进日常
不要做自己生活的旁观者

水仙
Narcissus tazetta var. chinensis

水仙属的学名来自希腊神话中的自恋狂美少年纳西索斯，但产自中国的水仙花并没有这种含义。在中国文化中，水仙向来被比作美丽而高洁的女性形象，如洛神、湘夫人等。栽培的水仙有两大类，单瓣的称为金盏银盘，重瓣的称为玉玲珑。

July 7月

一	二	三	四	五	六	日
			1 建党节	2 廿三	3 廿四	4 廿五
5 廿六	6 廿七	7 小暑	8 廿九	9 三十	10 六月	11 初二
12 初三	13 初四	14 初五	15 初六	16 初七	17 初八	18 初九
19 初十	20 十一	21 十二	22 大暑	23 十四	24 十五	25 十六
26 十七	27 十八	28 十九	29 二十	30 廿一	31 廿二	

Monday 28

Tuesday 29

Wednesday 30

Thursday 1

Friday 2

Saturday 3

Sunday 4

week 28

持之以恒
拥有一件值得骄傲的小事

红花路边青
Geum coccineum

在除了澳大利亚和南极之外的所有大陆上，都能看见路边青属植物。红花路边青原产巴尔干地区，因为紧凑的株形、较大的花朵和极长的花期而受到园艺界的青睐，已经培育出了很多品种。

July 7月

一	二	三	四	五	六	日
			1 建党节	2 廿三	3 廿四	4 廿五
5 廿六	6 廿七	7 小暑	8 廿九	9 三十	10 六月	11 初二
12 初三	13 初四	14 初五	15 初六	16 初七	17 初八	18 初九
19 初十	20 十一	21 十二	22 大暑	23 十四	24 十五	25 十六
26 十七	27 十八	28 十九	29 二十	30 廿一	31 廿二	

Monday 5

Tuesday 6

Wednesday 7

Thursday 8

Friday 9

Saturday 10

Sunday 11

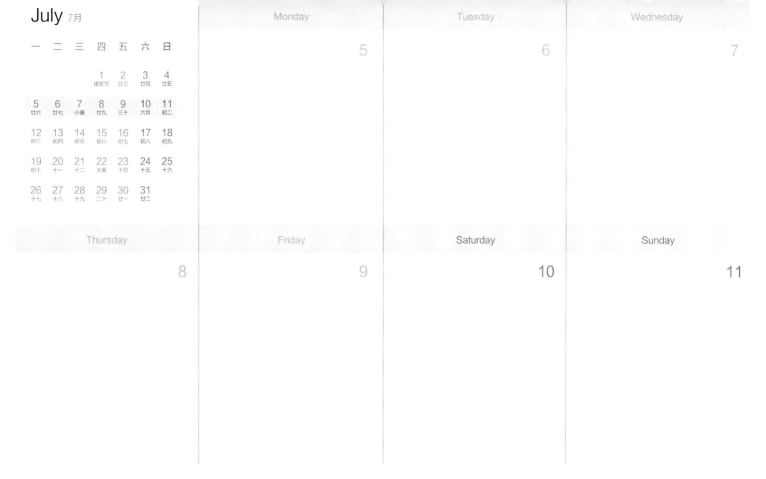

答案

成长中遇到的问题
只能靠自己去找寻答案

郁金香

Tulipa gesneriana var. dracolia

郁金香的老家在中亚，经由奥斯曼土耳其帝国传入欧洲，并在荷兰发扬光大。17世纪中期，荷兰全国陷入了对郁金香的疯狂炒作，优良品种的球茎价格相当于一名手工业者十年的薪水。这是世界上第一次泡沫经济现象，它的破灭给荷兰经济带来了巨大的打击，但荷兰直到今天仍然是世界上最大的郁金香生产国。

July 7月

一	二	三	四	五	六	日
			1 建党节	2 廿三	3 廿四	4 廿五
5 廿六	6 廿七	7 小暑	8 廿九	9 三十	10 六月	11 初二
12 初三	13 初四	14 初五	15 初六	16 初七	17 初八	18 初九
19 初十	20 十一	21 十二	22 大暑	23 十四	24 十五	25 十六
26 十七	27 十八	28 十九	29 二十	30 廿一	31 廿二	

Monday	Tuesday	Wednesday
12	13	14

Thursday	Friday	Saturday	Sunday
15	16	17	18

week 30

热爱

盛夏的艳阳与晴空相遇
珍惜当下即是热爱

红极乐鸟

Paradisaea rubra

红极乐鸟是印尼四王群岛特有鸟种，以雄鸟艳丽的羽饰和奇特的求偶炫耀闻名。已知最多会有10只雄鸟出现于同一个位于高大树顶的公共求偶场。拂晓时分，它们将两翼张开，尽力竖起身体两侧的红色蓑状饰羽，在树枝上来回舞动并发出叫声，吸引雌鸟。

July 7月

一	二	三	四	五	六	日
			1 建党节	2 廿三	3 廿四	4 廿五
5 廿六	6 廿七	7 小暑	8 廿九	9 三十	10 六月	11 初二
12 初三	13 初四	14 初五	15 初六	16 初七	17 初八	18 初九
19 初十	20 十一	21 十二	22 大暑	23 十四	24 十五	25 十六
26 十七	27 十八	28 十九	29 二十	30 廿一	31 廿二	

Monday

19

Tuesday

20

Wednesday

21

Thursday

22

Friday

23

Saturday

24

Sunday

25

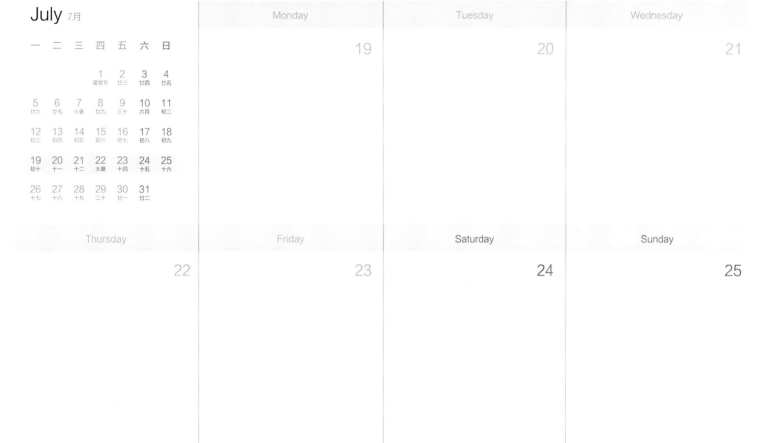

week 31

全力

人生总要为了梦想
竭尽全力一次

丽色极乐鸟

Cicinnurus magnificus

丽色极乐鸟是新几内亚岛一带的特有鸟种。与红极乐鸟不同，雄性丽色极乐鸟会独自在林下空地清理出面积几平方米的求偶场，不允许其他雄鸟接近，以鸣叫声吸引雌鸟。一旦有雌鸟出现，它会依次展示背部、胸部和头部的饰羽，整个过程精彩而有趣。

July 7月

一	二	三	四	五	六	日
			1 建党节	2 廿三	3 廿四	4 廿五
5 廿六	6 廿七	7 小暑	8 廿九	9 三十	10 六月	11 初二
12 初三	13 初四	14 初五	15 初六	16 初七	17 初八	18 初九
19 初十	20 十一	21 十二	22 大暑	23 十四	24 十五	25 十六
26 十七	27 十八	28 十九	29 二十	30 廿一	31 廿二	

Monday	Tuesday	Wednesday
26	27	28

Thursday	Friday	Saturday	Sunday
29	30	31	1

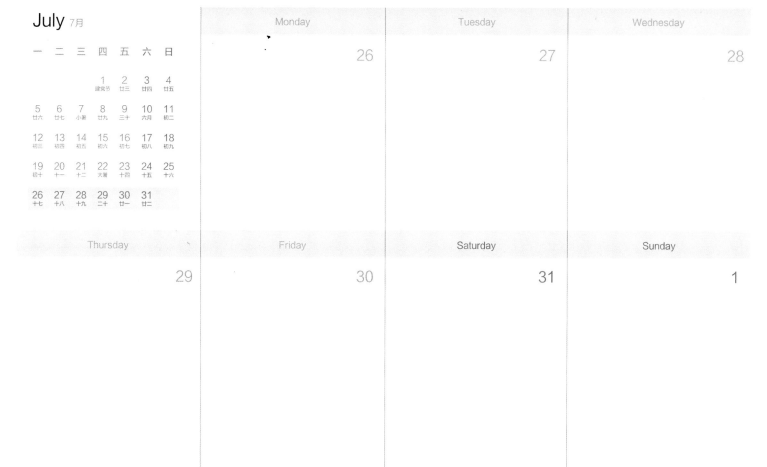

week 32

感受

去感受世间

在秋风起时寻找答案

须嘴扇尾鹟

Chaetorhynchus papuensis

须嘴扇尾鹟是新几内亚岛特有鸟种，见于中低海拔的山地森林，是典型的活动于林间的鸟类。常单只或成对停栖在森林中层的横枝上，突袭周围的昆虫或蜘蛛，也会加入其他鸟类的混群，停栖在树冠层以下，静候被其他鸟儿惊起的昆虫。

August 8月

一	二	三	四	五	六	日
						1 建军节
2 廿四	3 廿五	4 廿六	5 廿七	6 廿八	7 立秋	8 七月
9 初二	10 初三	11 初四	12 初五	13 初六	14 七夕节	15 初八
16 初九	17 初十	18 十一	19 十二	20 十三	21 十四	22 中元节
23 处暑	24 十七	25 十八	26 十九	27 二十	28 廿一	29 廿二
30 廿三	31 廿四					

Monday	Tuesday	Wednesday
2	3	4

Thursday	Friday	Saturday	Sunday
5	6	7	8

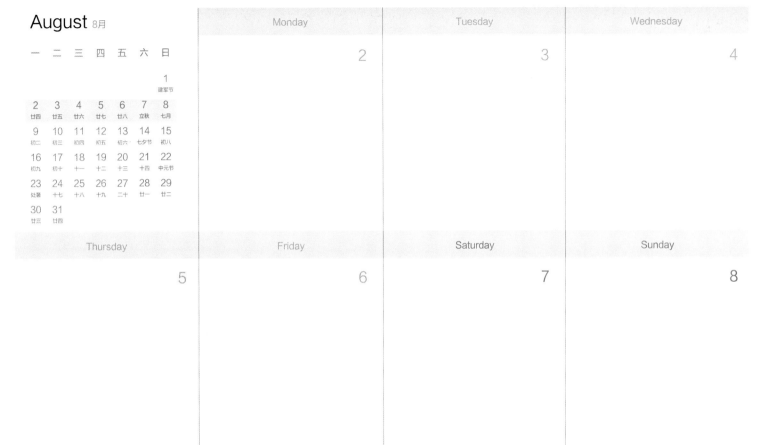

week 33

等待

岁月漫长
美好的一切，都值得等待

奇异相思树

Acacia paradoxa

奇异相思树又叫袋鼠刺，原产澳大利亚南部。它的叶子没有真正的叶片，叶柄特化成叶片状，基部还有两根刺，用于防御食草动物。奇异相思树的花能产生很多花蜜，对当地的吸蜜鸟来说是重要的食物来源。

August 8月

一	二	三	四	五	六	日
						1 建军节
2 廿四	3 廿五	4 廿六	5 廿七	6 廿八	7 立秋	8 七月
9 初二	10 初三	11 初四	12 初五	13 初六	14 七夕节	15 初八
16 初九	17 初十	18 十一	19 十二	20 十三	21 十四	22 中元节
23 处暑	24 十七	25 十八	26 十九	27 二十	28 廿一	29 廿二
30 廿三	31 廿四					

Monday 9

Tuesday 10

Wednesday 11

Thursday 12

Friday 13

Saturday 14

Sunday 15

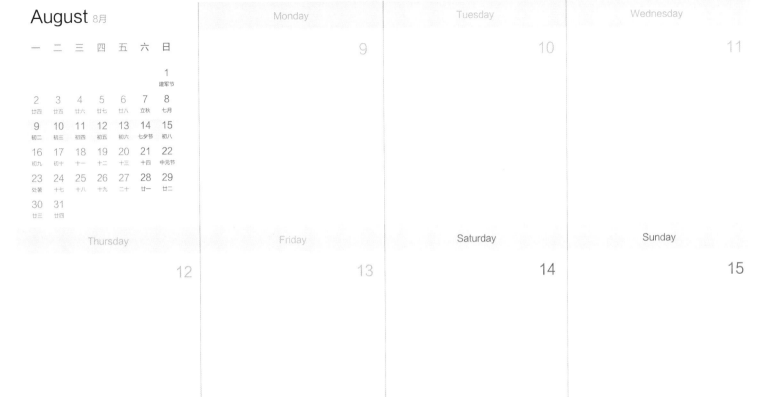

week 34

最好的生活方式
便是遵循自己的内心行事

两色金鸡菊

Coreopsis tinctoria

两色金鸡菊原产北美，因为花朵外黄内紫而得名，在世界各地广为栽培。中国人用它的干燥花朵泡水饮用，并给它起了个“昆仑雪菊”的名字。实际上它和昆仑山一点关系也没有，当然也没有所谓的保健功效。

August 8月

一	二	三	四	五	六	日
						1 建军节
2 廿四	3 廿五	4 廿六	5 廿七	6 廿八	7 立秋	8 七月
9 初二	10 初三	11 初四	12 初五	13 初六	14 七夕节	15 初八
16 初九	17 初十	18 十一	19 十二	20 十三	21 十四	22 中元节
23 处暑	24 十七	25 十八	26 十九	27 二十	28 廿一	29 廿二
30 廿三	31 廿四					

Monday 16

Tuesday 17

Wednesday 18

Thursday 19

Friday 20

Saturday 21

Sunday 22

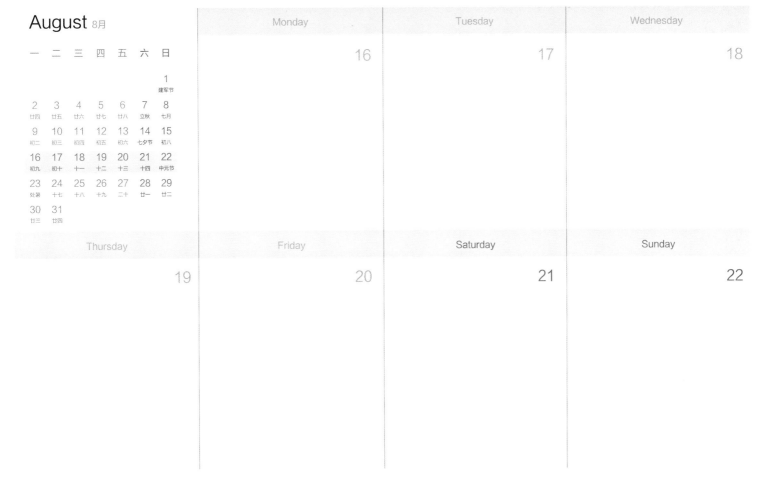

week 35

拥抱

换一种方式做习以为常的事情
去拥抱更多生活可能

巴布亚吸蜜鹦鹉
Charmosyna papou

吸蜜鹦鹉生活在澳大利亚、新几内亚岛及邻近岛屿，以花蕾、花粉和柔软的水果为食。舌尖特化为毛刷状，以便于取食。羽色艳丽，常被抓来当宠物。巴布亚吸蜜鹦鹉是新几内亚岛特有鸟种，图中为指名亚种，仅见于该岛西北部，生活在中高海拔的山地森林。

August 8月

一	二	三	四	五	六	日
						1 建军节
2 廿四	3 廿五	4 廿六	5 廿七	6 廿八	7 立秋	8 七月
9 初二	10 初三	11 初四	12 初五	13 初六	14 七夕节	15 初八
16 初九	17 初十	18 十一	19 十二	20 十三	21 十四	22 中元节
23 处暑	24 十七	25 十八	26 十九	27 二十	28 廿一	29 廿二
30 廿三	31 廿四					

Monday 23

Tuesday 24

Wednesday 25

Thursday 26

Friday 27

Saturday 28

Sunday 29

week 36

变化

人生中一些了不起的变化
往往都出自一些
“无用的时刻”

纽扣花

Hibbertia scandens

也叫束蕊花。原产澳大利亚东海岸的纽扣花是一种开着金黄色花朵的藤本植物，现已在世界各地广为栽培。由于不能忍耐5℃以下的低温，在温带地区越冬时需要保护措施。成功引种到英国后，皇家园艺学会为它颁发了卓越品质奖。

September 9月

一	二	三	四	五	六	日
		1 廿五	2 廿六	3 廿七	4 廿八	5 廿九
6 三十	7 白露	8 初二	9 初三	10 教师节	11 初五	12 初六
13 初七	14 初八	15 初九	16 初十	17 十一	18 十二	19 十三
20 十四	21 中秋节	22 十六	23 秋分	24 十八	25 十九	26 二十
27 廿一	28 廿二	29 廿三	30 廿四			

Monday	Tuesday	Wednesday
30	31	1

Thursday	Friday	Saturday	Sunday
2	3	4	5

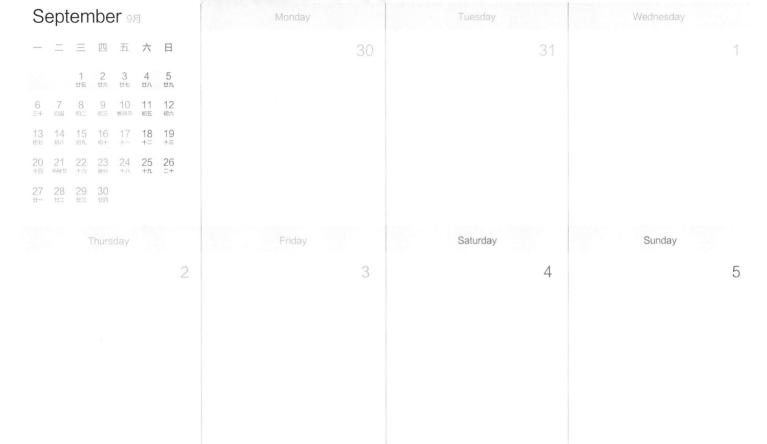

找不到答案的时候
就去看看这个世界

紫月季花

Rosa chinensis var. *semperflorens*

原产中国的月季花是全世界蔷薇属观赏植物的最重要的亲本之一。中国人栽培月季花有1000多年的历史，从单瓣粉花的野生种选育出了半重瓣、重瓣和各种花色。紫月季花就是其中一个深紫红色的重瓣类型。

September 9月

一	二	三	四	五	六	日
		1 廿五	2 廿六	3 廿七	4 廿八	5 廿九
6 三十	7 白露	8 初二	9 初三	10 教师节	11 初五	12 初六
13 初七	14 初八	15 初九	16 初十	17 十一	18 十二	19 十三
20 十四	21 中秋节	22 十六	23 秋分	24 十八	25 十九	26 二十
27 廿一	28 廿二	29 廿三	30 廿四			

Monday	Tuesday	Wednesday
6	7	8

Thursday	Friday	Saturday	Sunday
9	10	11	12

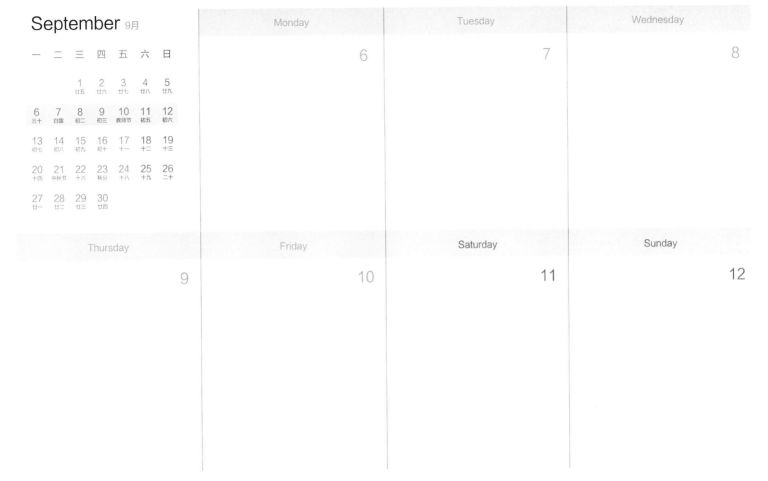

week 38

正视自己的偏执
学会与自我和解

大极乐鸟

Paradisaea apoda

大极乐鸟是新几内亚岛一带特有鸟种，也是最早被描述命名的极乐鸟之一。当时送到欧洲的标本缺失了羽翼和腿脚，美艳而又神秘莫测，令人惊叹。人们愿意相信这些鸟来自极乐世界。极乐鸟属的属名意为“天堂”；大极乐鸟的种本名意为“无脚的”。

September 9月

一	二	三	四	五	六	日
		1 廿五	2 廿六	3 廿七	4 廿八	5 廿九
6 三十	7 白露	8 初二	9 初三	10 教师节	11 初五	12 初六
13 初七	14 初八	15 初九	16 初十	17 十一	18 十二	19 十三
20 十四	21 中秋节	22 十六	23 秋分	24 十八	25 十九	26 二十
27 廿一	28 廿二	29 廿三	30 廿四			

Monday 13

Tuesday 14

Wednesday 15

Thursday 16

Friday 17

Saturday 18

Sunday 19

week 39

学会告别
更加珍惜相聚

三色堇
Viola tricolor

三色堇是堇菜属中花最大的种类，传说中误中丘比特之箭而成为爱情的象征之一。栽培三色堇品种繁多，是200多年来由多个原生种反复杂交育成的。

September 9月

一	二	三	四	五	六	日
		1 廿五	2 廿六	3 廿七	4 廿八	5 廿九
6 三十	7 白露	8 初二	9 初三	10 教师节	11 初五	12 初六
13 初七	14 初八	15 初九	16 初十	17 十一	18 十二	19 十三
20 十四	21 中秋节	22 十六	23 秋分	24 十八	25 十九	26 二十
27 廿一	28 廿二	29 廿三	30 廿四			

Monday	Tuesday	Wednesday
20	21	22

Thursday	Friday	Saturday	Sunday
23	24	25	26

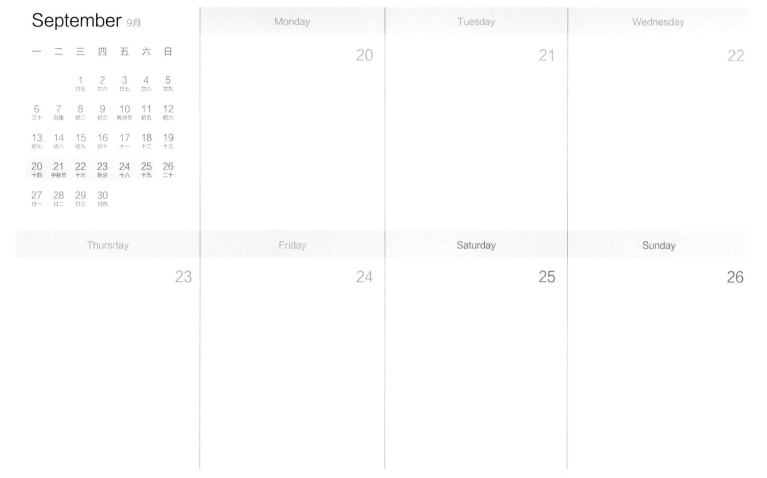

week 40

用自己的努力
去决定生活的样子

“紫罗兰”法国蔷薇

Rosa gallica “Violaca”

在中国月季传入之后，欧洲的园艺家也没有放弃选育本地蔷薇。“紫罗兰”又叫“美丽的苏尔塔娜”，是1824年育成的一个法国蔷薇品种。

September 9月

一	二	三	四	五	六	日
		1 廿五	2 廿六	3 廿七	4 廿八	5 廿九
6 三十	7 白露	8 初二	9 初三	10 教师节	11 初五	12 初六
13 初七	14 初八	15 初九	16 初十	17 十一	18 十二	19 十三
20 十四	21 中秋节	22 十六	23 秋分	24 十八	25 十九	26 二十
27 廿一	28 廿二	29 廿三	30 廿四			

Monday 27

Tuesday 28

Wednesday 29

Thursday 30

Friday 1

Saturday 2

Sunday 3

即使周遭遇冷
也要保持那些莫名其妙的热情

木槿

Hibiscus syriacus

木槿花朝荣暮落，但从五月到十月每天开放不止，所以有“无穷花”的别称。木槿花可食、叶可濯发、枝可编为绿篱，兼之易于栽培，历来深受国人喜爱。

October 10月

一	二	三	四	五	六	日
				1 国庆节	2 廿六	3 廿七
4 廿八	5 廿九	6 九月	7 初二	8 寒露	9 初四	10 初五
11 初六	12 初七	13 初八	14 重阳节	15 初十	16 十一	17 十二
18 十三	19 十四	20 十五	21 十六	22 十七	23 霜降	24 十九
25 二十	26 廿一	27 廿二	28 廿三	29 廿四	30 廿五	31 廿六

Monday 4

Tuesday 5

Wednesday 6

Thursday 7

Friday 8

Saturday 9

Sunday 10

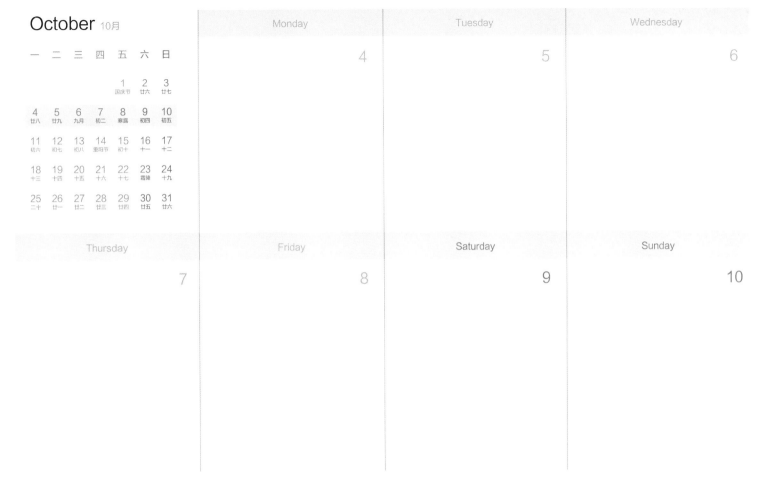

week 42

生命有弹性
而我们要做的就是
安于日常，用力生长

孔雀草

Tagetes patula

孔雀草在花园里很受欢迎，因为它不仅好看，根部的分泌物还能杀死土壤中的害虫，保护其他植物。孔雀草的花瓣富含叶黄素，添加在家禽饲料里能让蛋黄的颜色更加诱人。

October 10月

一	二	三	四	五	六	日
				1 国庆节	2 廿六	3 廿七
4 廿八	5 廿九	6 九月	7 初二	8 寒露	9 初四	10 初五
11 初六	12 初七	13 初八	14 重阳节	15 初十	16 十一	17 十二
18 十三	19 十四	20 十五	21 十六	22 十七	23 霜降	24 十九
25 二十	26 廿一	27 廿二	28 廿三	29 廿四	30 廿五	31 廿六

Monday	Tuesday	Wednesday
11	12	13

Thursday	Friday	Saturday	Sunday
14	15	16	17 .

挑战

及时跳出舒适区
勇于探索和挑战

金王鹟

Carterornis chrysomela

金王鹟是新几内亚岛一带特有鸟种，图中所示亚种背部有明显黑色斑块、头部为橘色。金王鹟的属名源自英国鸟类学家托马斯 · 卡特，他于1886年至1928年期间在澳大利亚进行了大量的标本采集和研究工作，在澳大利亚鸟类学研究史上占有较为重要的地位。

October 10月

一	二	三	四	五	六	日
				1 国庆节	2 廿六	3 廿七
4 廿八	5 廿九	6 九月	7 初二	8 寒露	9 初四	10 初五
11 初六	12 初七	13 初八	14 重阳节	15 初十	16 十一	17 十二
18 十三	19 十四	20 十五	21 十六	22 十七	23 霜降	24 十九
25 二十	26 廿一	27 廿二	28 廿三	29 廿四	30 廿五	31 廿六

Monday 18

Tuesday 19

Wednesday 20

Thursday 21

Friday 22

Saturday 23

Sunday 24

week 44

自在

挥别情绪风暴
找到内心的清净与自在

百叶蔷薇
Rosa centifolia

在中国的月季传入之前，欧洲的园林中只有法国蔷薇、百叶蔷薇、突厥蔷薇等几个种。它们一年只开一次花，花型也不好看。但百叶蔷薇有浓郁的甜香，是提取玫瑰精油的原料。

October 10月

一	二	三	四	五	六	日
				1 国庆节	2 廿六	3 廿七
4 廿八	5 廿九	6 九月	7 初二	8 寒露	9 初四	10 初五
11 初六	12 初七	13 初八	14 重阳节	15 初十	16 十一	17 十二
18 十三	19 十四	20 十五	21 十六	22 十七	23 霜降	24 十九
25 二十	26 廿一	27 廿二	28 廿三	29 廿四	30 廿五	31 廿六

Monday 25

Tuesday 26

Wednesday 27

Thursday 28

Friday 29

Saturday 30

Sunday 31

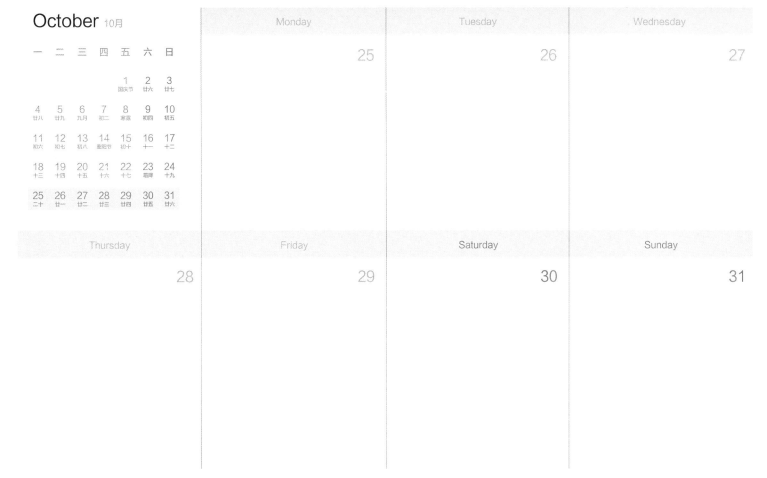

沉淀

宁静才能致远
沉淀才能新生

地中海唐松草

Thalictrum morisonii subsp. *mediterraneum*

原画作中将这个物种标注为地中海唐松草，它是莫里森唐松草的两个亚种之一，分布于欧洲西南部。然而，莫里森唐松草这个物种也许并不存在。它的模式标本早已遗失，后人将莫里森绘制的图像指定为后选模式标本。然而莫里森是在前林奈时代绘制的图，他所绘物种其实是黄花唐松草。

November 11月

一	二	三	四	五	六	日
1 廿七	2 廿八	3 廿九	4 三十	5 寒衣节	6 初二	7 立冬
8 初四	9 初五	10 初六	11 初七	12 初八	13 初九	14 初十
15 十一	16 十二	17 学生日	18 十四	19 下元节	20 十六	21 十七
22 小雪	23 十九	24 二十	25 感恩节	26 廿二	27 廿三	28 廿四
29 廿五	30 廿六					

Monday	Tuesday	Wednesday
1	2	3

Thursday	Friday	Saturday	Sunday
4	5	6	7

week 46

安顿好自己的人，不孤单

淡黄皇鸠

Ducula subflavescens

淡黄黄鸠是南太平洋俾斯麦群岛的特有鸟种，体型稍小于红疣皇鸠。主要生活在海滨或低海拔原始林当中，以各式水果为食。多集小群在树冠层活动，常会跟红疣皇鸠混群觅食。有时可见到在海滨的树林夜栖，白天再飞入内陆的森林觅食，因此海滨的植被遭受人为破坏可能会影响到该种的生存。

November 11月

一	二	三	四	五	六	日
1 廿七	2 廿八	3 廿九	4 三十	5 寒衣节	6 初二	7 立冬
8 初四	9 初五	10 初六	11 初七	12 初八	13 初九	14 初十
15 十一	16 十二	17 学生日	18 十四	19 下元节	20 十六	21 十七
22 小雪	23 十九	24 二十	25 感恩节	26 廿二	27 廿三	28 廿四
29 廿五	30 廿六					

Monday 8

Tuesday 9

Wednesday 10

Thursday 11

Friday 12

Saturday 13

Sunday 14

道一句问候
就像是在心里种下一朵花

“半重瓣”多毛蔷薇

Rosa mollissima “Flore Submultiplici”

多毛蔷薇分布在欧洲的温带地区，得名的原因是叶片背面有很多柔软的毛，沿着叶脉尤其明显。它的叶子上有很多油腺，用手摸了之后会在指尖留下特殊的香气。图中是它的一个半重瓣的栽培品种。

November 11月

一	二	三	四	五	六	日
1 廿七	2 廿八	3 廿九	4 三十	5 寒衣节	6 初二	7 立冬
8 初四	9 初五	10 初六	11 初七	12 初八	13 初九	14 初十
15 十一	16 十二	17 学生日	18 十四	19 下元节	20 十六	21 十七
22 小雪	23 十九	24 二十	25 感恩节	26 廿二	27 廿三	28 廿四
29 廿五	30 廿六					

Monday	Tuesday	Wednesday
15	16	17

Thursday	Friday	Saturday	Sunday
18	19	20	21

week 48

收藏每一次相聚的场景
够余生之怀念

素馨花

Jasminum grandiflorum

素馨属植物的气味差别很大，迎春花几乎没有香味，茉莉花香味清雅，而素馨花则在傍晚时分发出甜得腻人的浓香，用以吸引传粉的蛾子。在中国古代，素馨花是女子鬓边常见的装饰。

November 11月

一	二	三	四	五	六	日
1 廿七	2 廿八	3 廿九	4 三十	5 寒衣节	6 初二	7 立冬
8 初四	9 初五	10 初六	11 初七	12 初八	13 初九	14 初十
15 十一	16 十二	17 学生日	18 十四	19 下元节	20 十六	21 十七
22 小雪	23 十九	24 二十	25 感恩节	26 廿二	27 廿三	28 廿四
29 廿五	30 廿六					

Monday 22

Tuesday 23

Wednesday 24

Thursday 25

Friday 26

Saturday 27

Sunday 28

week 49

生活的有趣
就是自己主动且不断地充实它

旱金莲

Tropaeolum majus

旱金莲因为圆形而盾状着生的叶片形似莲叶而得名。黄昏时分，旱金莲鲜艳的橙色花朵和绿色叶片反差巨大，让人觉得花朵在闪光。这个现象是林奈的女儿伊丽莎白·林奈在19岁时发现的，并以她的名字命名。

December 12月

一	二	三	四	五	六	日
		1 艾滋病日	2 廿八	3 廿九	4 冬月	5 初二
6 初三	7 大雪	8 初五	9 初六	10 初七	11 初八	12 初九
13 初十	14 十一	15 十二	16 十三	17 十四	18 十五	19 十六
20 十七	21 冬至	22 十九	23 二十	24 平安夜	25 圣诞节	26 廿三
27 廿四	28 廿五	29 廿六	30 廿七	31 廿八		

Monday	Tuesday	Wednesday
29	30	1

Thursday	Friday	Saturday	Sunday
2	3	4	5

week 50

衬托

寒天冻地 是为了衬托
我们之间不灭的关怀和爱意

香豌豆

Lathyrus odoratus

香豌豆和豌豆并非近亲，但也曾被作为遗传学研究的模式植物。同时，香豌豆有毒，不能像豌豆一样被当作粮食和蔬菜。

December 12月

一	二	三	四	五	六	日
		1 艾滋病日	2 廿八	3 廿九	4 冬月	5 初二
6 初三	7 大雪	8 初五	9 初六	10 初七	11 初八	12 初九
13 初十	14 十一	15 十二	16 十三	17 十四	18 十五	19 十六
20 十七	21 冬至	22 十九	23 二十	24 平安夜	25 圣诞节	26 廿三
27 廿四	28 廿五	29 廿六	30 廿七	31 廿八		

Monday 6

Tuesday 7

Wednesday 8

Thursday 9

Friday 10

Saturday 11

Sunday 12

week 51

身处流年之中
手捧一颗平和心

德国鸢尾

Iris × germanica

鸢尾属植物有3枚宽大的花柱裂片，分别与3枚外轮花瓣一上一下组成了隧道的样子，里面藏着雄蕊。访花的蜂只能通过这个隧道进出才能吃到花蜜，从而保证了传粉的精确性。

December 12月

一	二	三	四	五	六	日
		1 艾滋病日	2 廿八	3 廿九	4 冬月	5 初二
6 初三	7 大雪	8 初五	9 初六	10 初七	11 初八	12 初九
13 初十	14 十一	15 十二	16 十三	17 十四	18 十五	19 十六
20 十七	21 冬至	22 十九	23 二十	24 平安夜	25 圣诞节	26 廿三
27 廿四	28 廿五	29 廿六	30 廿七	31 廿八		

Monday 13

Tuesday 14

Wednesday 15

Thursday 16

Friday 17

Saturday 18

Sunday 19

week 52

心里最柔软的部分
拥有最强大的力量

红疣皇鸠

Ducula rubricera

红疣皇鸠属大型的鸠鸽类，体长可达41厘米。图中为分布于俾斯麦群岛的指名亚种，头颈部和胸部都为粉色。该种生活在原始雨林及成熟次生林当中，以多种水果、榕果等为食，常单只或成对活动，但有着成熟果实的树也可能吸引多只个体前来取食。

December 12月

一	二	三	四	五	六	日
		1 艾滋病日	2 廿八	3 廿九	4 冬月	5 初二
6 初三	7 大雪	8 初五	9 初六	10 初七	11 初八	12 初九
13 初十	14 十一	15 十二	16 十三	17 十四	18 十五	19 十六
20 十七	21 冬至	22 十九	23 二十	24 平安夜	25 圣诞节	26 廿三
27 廿四	28 廿五	29 廿六	30 廿七	31 廿八		

Monday 20

Tuesday 21

Wednesday 22

Thursday 23

Friday 24

Saturday 25

Sunday 26

week 53

安静的、新生的、温柔的
美好的第一天

水晶番杏

Tetragonia crystallina

番杏科是著名的多肉植物类群，有肥厚的肉质叶片，里面充满贮水组织。有的种类还演化出了对岩石的拟态，比如生石花。水晶番杏是原产秘鲁的种类，我们在菜市场能见到它同属的亲戚番杏，俗称西班牙菠菜。

December 12月

一	二	三	四	五	六	日
		1 艾滋病日	2 廿八	3 廿九	4 冬月	5 初二
6 初三	7 大雪	8 初五	9 初六	10 初七	11 初八	12 初九
13 初十	14 十一	15 十二	16 十三	17 十四	18 十五	19 十六
20 十七	21 冬至	22 十九	23 二十	24 平安夜	25 圣诞节	26 廿三
27 廿四	28 廿五	29 廿六	30 廿七	31 廿八		

Monday	Tuesday	Wednesday
27	28	29

Thursday	Friday	Saturday	Sunday
30	31	1	2

图书在版编目(CIP)数据

自然即是美：2021言几又周历 / 刘华杰主编. —北京：北京大学出版社，2020.9
ISBN 978-7-301-31493-7

Ⅰ. ①自… Ⅱ. ①刘… Ⅲ. ①历书－中国－2021 Ⅳ. ①P195.2

中国版本图书馆CIP数据核字(2020)第139985号

书　　名	自然即是美：2021言几又周历 ZIRAN JISHI MEI: 2021 YANJIYOU ZHOULI
著作责任者	刘华杰　主　编　顾垒（顾有容）朱磊　物种介绍　言几又　策划设计
策划编辑	王林冲　刘　璐
责任编辑	郭　莉　陈　静
标准书号	ISBN 978-7-301-31493-7
出版发行	北京大学出版社
地　　址	北京市海淀区成府路205号　100871
网　　址	http://www.pup.cn　　新浪微博：@北京大学出版社
微信公众号	科学与艺术之声（微信号：sartspku）
电子信箱	zyl@pup.cn
电　　话	邮购部 010-62752015　发行部 010-62750672　编辑部 010-62707542
印 刷 者	天津图文方嘉印刷有限公司
	890毫米x1240毫米　32开本　3.625印张　150千字
	2020年9月第1版　2020年9月第2次印刷
定　　价	118.00元
